科学探险漫画书

驾机飞行
大探险

〔韩〕洪在彻 / 编文　〔韩〕柳太淳 / 绘

徐若英 / 译

时代出版传媒股份有限公司
安徽少年儿童出版社

拥抱蓝天，驾机飞行不是梦

很久以前，人类就梦想着能够像鸟儿一样在天空飞翔。1783 年，法国蒙戈尔菲耶兄弟俩所发明的热气球，第一次引领人类飞上了天空。只可惜，热气球必须顺风而行，后来就只用于观测或研究。之后登场的航空器是滑翔翼，它跟飞机一样都有固定的机翼，却能够在没有动力装置的状态下，利用滑翔方式远距离飞行。在 1891 年至 1896 年间，德国工程师、滑翔机之父奥托·李林塔尔（1848~1896）曾经亲自操纵自制的滑翔翼，成功地试飞 2000 次以上，成为世界航空先驱者之一。

人类历史上的第一架真正的飞机——"飞行者 1 号"于 1903 年 12 月 17 日上午 10 点 35 分，在美国北卡罗来纳州基蒂霍克村的海岸顺利起飞。一起经营脚踏车生意的兄弟俩——36 岁的 W.莱特（1867~1912）和其 32 岁的弟弟 O.莱特（1871~1948）共同研制的"飞行者 1 号"第一次试飞，在 12 秒内，飞机靠着简易的引擎飞行了 36 米；当天最后一次试飞时，"飞行者 1 号"在 59 秒内飞行了 259.7 米，这是公认的最早的空中持续动力飞行。"飞行者 1 号"是世界上第一架拥有 4 气缸、8.8 千瓦（12 马力）功率内燃机的飞机。

继"飞行者 1 号"之后,飞机在第一次和第二次世界大战中大显神威。今天,航空器已发展到超音速、喷气式阶段,方便快捷的飞行拉近了人们的距离,于是,"地球村"这样的词汇也就应运而生了。对现代人而言,乘机旅行已经成为日常生活的一部分。

而本书所介绍的"超轻型飞机"是正在兴起的航空休闲娱乐工具之一,它机体虽小,但操纵容易,可以满足大家的飞行梦。超轻型飞机那小巧的机体或许会让人缺乏安全感,但是当你驾驶着飞机在天空飞翔的时候,拥抱蓝天的感觉绝对是无与伦比的美妙体验!小朋友,让我们一起去挑战蓝天吧!

马 棋

聪明胆大却粗心的小学生，爱吹牛，每次上课都会让教练急得直跺脚。不过，有过人的应变能力及自信，总能及时发现危急的情况。经常让训练所的教练们无奈地直摇头。

身　份 小学六年级学生
未来展望 希望有一天能够亲自操纵飞机，做一次完美的曲线飞行，并且可以跟爸爸一起完成环岛飞行

马 爸

对飞行怀抱无与伦比的热忱，在受训期间把机场弄得鸡飞狗跳。动不动就会以家境不好做借口，大叹无法如愿实现成为飞行员的梦想。经历这一次的飞行训练课程后终于完成了飞上蓝天的心愿。

身　份 厨师
未来展望 希望有一天能够实现飞上蓝天的梦想，并且陪儿子一起完成环岛飞行

　　面对成天嚷着要实现飞行梦的孩子和老公，她隔三岔五就得花钱赔偿医药费和机器修理费。原本盘算着以要求儿子学习成绩进步为条件，答应他报名受训的，最后还是失败了。

身　　份　家庭主妇
未来展望　希望有一天老公变得成熟稳重不再闯祸，儿子的学习成绩能名列班级前5

马　妈

　　对于自己的飞行技术和严格的教学方式非常自信，是出名的奉行"铁血教育"的教练。遇上这一对闯祸大王父子，是他教学生涯中最大的挑战！

朴教练

身　　份　轻型飞机教官
未来展望　尽快让这对闯祸父子完成受训

目　录

第一章

爸爸的飞行梦

糟了，有敌机！

从哪里冒出来的啊？

可恶！竟然发射热寻的(dì)导弹。

呼叫总部，呼叫总部，总部请回答。这是紧急情况,请回答！

我来救援,完毕!

不过有个条件……别只顾着打游戏机,帮忙扫扫地,完毕。

老、老婆……

唰

就快要破纪录了,我待会儿一定帮你扫,好不好？

你都几十岁的人了,居然还这么迷电子游戏？快去拿吸尘器！

哎哟！好、好嘛。

什么?

天晓得这次你又要闯出什么祸来,我反对,绝对不行!

我说的是超轻型飞机,不是一般的飞机啊!

你爸爸我啊,现在虽然不过是个厨师,但是年轻时候的志愿可是成为一名战斗机飞行员呢!

虽然一心想报考空军飞行学院,可是家境不好,所以就……呜呜呜!

是吗?

真的是那样吗?那个时候我们家过得可不比别人差哟!

哼!

那个时候完全是你自己身体超重,体检的时候就被刷了下来,而且学生时期的成绩也很烂!

我就说嘛!

老人家记性这么好……

总而言之,去开飞机的事就别再提了。

太太——

上次你去学滑翔翼，不仅弄得自己遍体鳞伤，还弄坏了人家的滑翔翼，赔了不少钱给人家，你忘记啦？

是真的吗？

没错。

哪有这回事！

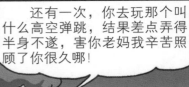

还有一次，你去玩那个叫什么高空弹跳，结果差点弄得半身不遂，害你老妈我辛苦照顾了你很久哪！

好，太太，我们就来约法三章！

奋力

如果这次我再闯祸，我无条件帮你洗碗一年！

！

你们不需要太崇拜我，虽然我也觉得这个约定简直就是自我毁灭。

看来你又忘了……

去年你因为忘了我们的结婚纪念日，说好要洗碗5年来将功赎罪，结果还是不了了之！

有这回事吗……

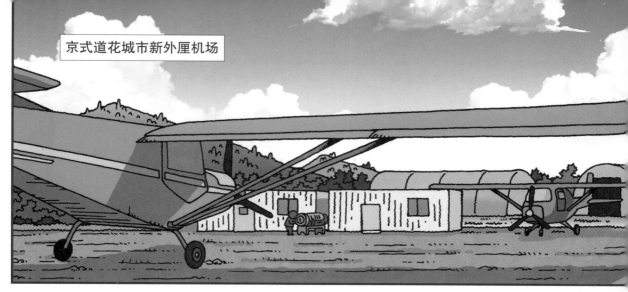

京式道花城市新外厘机场

哐哐

嗒

哇哈哈哈！原来这里就是培养超轻型飞机飞行员的摇篮——新外厘机场啊！

哎，真丢脸。

那是……那是谁啊？没见过哇！

是空军总部来的飞行教官吗？

那么胖应该不会是飞行员吧？

7

爸爸，你穿得这么夸张，我还不丢脸吗？

你这是什么话?!

如果想要学习新的技能，穿着正确的服装是很重要的，有什么丢脸的！

知道啦！

哇，亲眼所见，好像比我想象得还要酷哟！

嗡嗡

爸爸,超轻型飞机究竟和一般的飞机有什么不一样啊？

简单地说,"不同于以运输人员或物品、观测等为主要目的的飞机,超轻型飞机仅适用于休闲娱乐。机体净重在180千克以下,是依靠推进器才能前进的一种固定翼＊飞行装置。"这上面是这样写的！

还以为你真懂这么多。

＊ 固定翼:不能移动的固定机翼。

8

还等什么，快去报名啊！

怎么那么兴奋啊？

你们也想参加飞行训练？

是啊！我做梦都没想到自己也有机会学开飞机呢！哇哈哈！

这种很难买到的飞行服他怎么会有啊？

真是的，我以为你是飞行员呢！

我本来是想去当飞行员的啦，只不过当时家境不好就放弃这个梦想了。前几天偶然间看到一本杂志上有超轻型飞机的报道，就带我儿子一起来了。

又是家里的错……

前阵子看了一个美国人驾着自制的轻型飞机环游世界的报道，我的飞行梦就被重新点燃啦。其实，我觉得自己在这方面很有天分，既然提起了，我就不妨直说……

呼……

Z—

Z—

没完没了的。

在报名之前，我先替二位做个基本测试。

测……测试？

9

如果超重,是不是就不能报名啊?

那是当然。飞机本身就是超轻型的,能够承载的重量理所当然会有限制。

我们先来称称看。

什么?!

惊吓

而且,体型壮硕的人并不适合搭乘超轻型飞机,驾驶舱会很拥挤,根本没办法操作。

天哪!这次还是体重问题让我的希望落空!

嗒

嗒啦啦!

105公斤?比外表看起来还要重!

怎么才过了几天又胖了呢?

早知道就空腹来了。

飞得起来吗?

您身体超重,不能参加课程了,请回吧!

那至少让我参观一下驾驶座好不好?

什么是超轻型飞机

　　超轻型飞机属于"超轻型航空器"，小朋友们可能听说过的降落伞、滑翔翼、热气球等，都属于这类飞行装置。它的最大特点体现在"超轻"二字上，它结构简单、起降方便、低空低速性能好、易于驾驶、维护方便、经济安全，是一种易于普及的大众航空器。它依靠一台几十马力的小型发动机所产生的推力升空飞行，并带有着陆装置。

　　超轻型飞机容易组装和分解，所以并非只有特定人员才能装配维护。初学者只要受训 20 小时以上的飞行时数，大都能熟悉操作程序。

　　超轻型飞机的起飞和着陆滑跑距离短，所需场地小；对地面条件要求也不高，可以在土路、草地上起降，也可以在河滩、田地等平坦开阔的地方起降，因此便于从事休闲观光、空中摄影等活动。

训练用超轻型飞机

超轻型飞机的种类

固定机翼型

这是像一般飞机那样具有固定机翼的航空器。它利用螺旋桨获得推力,以操纵杆控制辅机翼、升降舵、方向舵等,比一般飞机容易操纵。

固定机翼型

人体移动型

这是一款简易的、没有机舱的超轻型航空器,滑翔机翼下配置有引擎和螺旋桨。有别于滑翔翼的操纵者以卧倒的姿势移动身体才能操作,它让你可以坐下来操纵。

人体移动型

旋翼型

这是依靠其顶端的旋翼产生升力,进而飞行的旋翼型航空器,外形很像小型直升机。

旋翼型❶

旋翼型❷

第二章

体验飞行

呼

好烦

爸爸，既然都来了，至少让我体验一下飞行嘛！

生气

14

老爸的梦就这么碎了,你却只顾着玩?你想火上浇油啊!

啊!

吼

其实并非一点希望没有,大概再过几个月,我们这里会引进加大座位的飞机。

哦?

这么说,我也可以参加训练课程喽?

您再忍耐一些时候吧!

啪嗒

即将引进的飞机驾驶座位加宽,引擎马力更强大,对体型壮硕的人来说再适合不过了。

万岁!

爸爸,既然问题都解决了,我是不是可以玩一下飞机?

那当然啦!你爸爸我什么时候说话不算话了?快去吧!

遵命!

明明刚才就在耍赖。

是不是老年痴呆啊?

实际体验之前，我必须先说明几个注意事项——

看我的！

怎么这么快就跑出去了啊？

呀嗬♪

这本来就是他的强项。

哇——

说是超轻型飞机，仪表板、驾驶座倒是一应俱全嘛！

进去试试吧！

咦？

哇！好酷哟！

你快给我下来！

惊

糟了

16

怎么可以随便上去啊！飞机损坏是小事，你要是受伤了可就不好了！

对不起。我是太高兴了嘛！

真是不好意思！

不知道有没有被刮伤？

这架飞机很贵的……

不是说飞机损坏是小事吗？

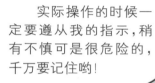

实际操作的时候一定要遵从我的指示，稍有不慎可是很危险的，千万要记住哟！

好！

来，上飞机了！

呀嗬，终于要坐飞机喽！

啊？

咻呜呜，飞呀，熊猫1号！

老爸！

哐当

你怎么可以擅自坐上去啊！已经弄坏了一架还不够吗？

真受不了。

我只是想过过干瘾嘛……

17

准备好了吗？

是！

很好，起飞！

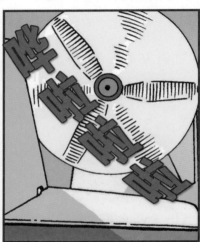

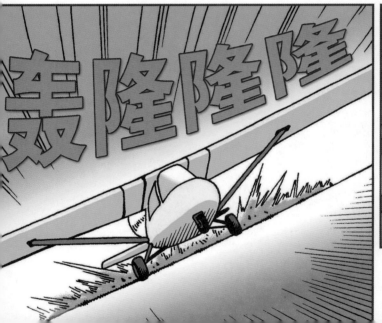

哇啊啊啊——
终于飞上天了！

一下子就飞这么高了呀？

啊，一定很过瘾！不知道什么时候才会轮到我呢？

您不用太羡慕，等一会儿你会很庆幸自己不在那架飞机上。

啊？什么意思啊？

哗啦啦啦

教练！

虽然我还小，但是可不可以也让我操作看看啊？

当然可以！

我记得很久以前有两个小学生跟你差不多大，他们自己全程驾驶飞机从釜山飞到首尔呢！

他们两个在1999年的最后一天从釜山出发，在2000年的第一个早晨安全抵达了汝夷岛。

等你受过完整的训练，应该也办得到的。

我妈妈一定不会答应的。

教练，我一直就很好奇：飞机为什么飞得起来呢？

噢，那全靠作用在机身的4种力量。

是指能够使机身提升的升力和朝地心的重力，还有让机身往前的推力和向后的阻力。

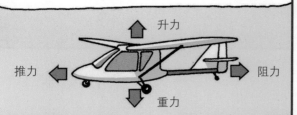

升力

推力

阻力

重力

这 4 种力量当中的升力可以说是能够使飞机飞行的主要原动力。

机翼的构造是底部平坦、上方隆起，这种构造可以加速机翼上方的气流速度，而下方的气流速度就会比较缓慢。

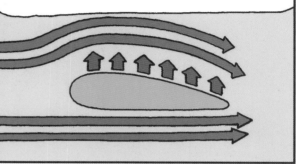

换言之，根据"随气体速度的增加，压力则减少"的"伯努利定律"，机翼上方的压力会减少、底部的压力会增加，机翼就会得到往上的力量，也就是升力。

飞机的起降原来运用了这么多的科学原理啊！

没错。

该回机场喽！

哗啦啦啦啦

教练，我有一个请求。

能不能让我操作看看，一会儿就好？

这……

别以为是超轻型飞机就认为没什么，要是有什么闪失可是非常危险的哟！

让我摸一下就好啦！

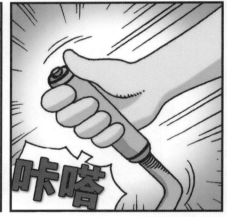

伯努利定理

1738 年,瑞士物理学家、数学家丹尼尔·伯努利发现:包括空气在内的所有流体,其流动速度快时造成的压力就会减少,速度缓慢则压力就会增加。这就是著名的伯努利定律,它普遍应用在文氏管的制造上。文氏管是制造汽化器(混合燃料和空气的装置)所必需的零件。

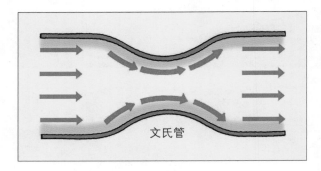

文氏管

让飞机飞行的力量——升力

有翅膀的物体之所以能够在天空飞行,奥秘就在于其翅膀特殊的形状。航空器的翅膀上方是弧度面,比起平坦的下方,其气流的流动更迅速。

根据伯努利定律,翅膀上方的压力会因为空气的迅速流动而变小;相反,翅膀下方的压力则会变大。换句话说,翅膀基于上方与下方压力上的差异而往上升的力量,正是飞机获得的升力。

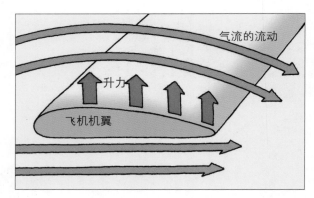

气流的流动

升力

飞机机翼

飞行时产生作用的4种力

我们知道，飞机之所以能够在天上飞行，主要是利用4种力的相互作用，以取得机身的平衡。

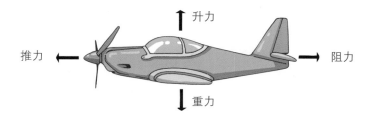

升 力

使飞机上升的力量，是作用于机身最重要的力量。我们可借助升力来进行上升、降落等飞行运动。

重 力

这是指物体所承受的来自地心的引力而往下掉的力量。升力若大于重力则机身就会上升；升力等同于重力，飞机就能保持一致的高度飞行；若升力小于重力，飞机就会下降。

阻 力

指随着空气的流动而产生的摩擦力，是作用于物体运动相反方向的力量。将飞机的外观设计成流线型的原因，就是使这种阻力最小化。

推 力

指能够使飞机前进的力量，燃料的燃烧能够使引擎转动而产生推力。如果推力大于阻力，就能够使速度加快；相反，推力小于阻力，速度就会降低。

第三章

有其父
必有其子

什么？

你想去当飞行员？

不是去当飞行员，我是说想去参加超轻型飞机的飞行训练。

都一样啊！

又不是自行车，小学生学会开飞机干什么啊？你也太离谱了吧！

胆子还真大……

听说之前有两个跟我差不多大的小学生，创造了环岛飞行纪录呢！

26

你就答应他吧，老婆。

老公，你怎么变成了这个样子啊？

从早餐开始饿肚子……

摇摇

晃晃

才饿两顿就不行了啊……

嗯。

好想吃汉堡，老婆！

浑身无力

那好吧，不过，有个条件。

我什么都答应，妈。

如果这次考试你能进前5名，我就让你去参加那个叫什么超轻型飞机的训练。

啊？

我宁可放弃。

谁准你放弃了！

第30名怎么可能挤进前5名啊？

我也觉得不太可能。

那么第10名怎么样？

还是不可能。

那第15名！

再后面一点。

那第20名！

25名怎样？

呃……勉强啦！

成交！

喹啦啦啦……

唛?

嗒啦

这父子俩都穿飞行服来了啊！真是有其父必有其子。

还真是没办法呢！

Hi~♡

你来负责这对宝贝父子的训练怎么样？

我有高血压啊……

不过……

马先生,你怎么也来了?大型机还要等好几个月才到,先让小马一个人来上课就行了。

不,教练。

我实在不想等那么久,已经开始实行减肥计划了。

减肥?

你看才开始了两天,身上的肥肉就少了很多!

减了吗?

没有。

松弛

而且,我想了解一下我儿子在这里上课的情况,所以就算是理论课程,请让我一起上课吧!

好吧。看在马先生这么有诚意的分上,我就替你安排吧!

太感谢了,亲爱的教练!

爸爸真是让人受不了……

第一堂课，我们先了解一下超轻型飞机的构造。

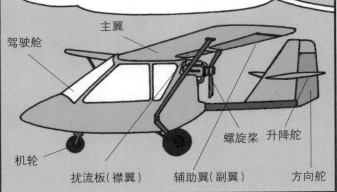

超轻型飞机的外观如下图，分成了驾驶舱、主翼和辅助翼、扰流板（襟翼）、方向舵和升降舵、螺旋桨、机轮（起落装置）等组件。

主翼

驾驶舱

螺旋桨　升降舵

机轮

扰流板（襟翼）　辅助翼（副翼）　方向舵

飞机的机翼是产生升力的装置，主要是由两侧的直角辅助翼和起降时控制升力的扰流板所构成。

此外，螺旋桨的主要功能是运转时把空气往后推，以取得动力。

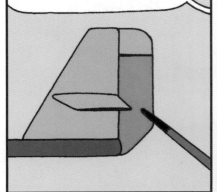

被称为"尾翼"的升降舵和方向舵，是控制飞机上下左右运动的装置。

机轮是着陆装置，附着在飞机的机体或是机翼底部，根据机轮位置的不同可分为前轮型和后轮型。

关于超轻型飞机的构造就讲到这里了，还不太了解的部分……

呼噜噜……

看来是没有。

呼噜噜，噗哈——

哇，我在云上飞……

刚刚还吵着要上课呢！

爸！

在坐上飞机之前必须先做一件事。

不是坐上就可以吗？

起飞前要先检查飞机的状态，才能预防事故的发生。

超轻型飞机的重要部分虽然都是用坚固的材质做成的，但是由于重量的限制，大部分的组件都是轻质材料，所以起飞前的详细检查是很重要的。

坐上飞机以前，我们要仔细检查飞机，看看动力装置和机翼，还有连接部位的零件等有没有异常。

糟糕！有个很严重的问题呀！

有人在这里做了很可怕的事！

那种事就别管了！

嚓

然后进入驾驶室，检查仪表板。

这些我都得背下来吗？

仪表板会随着机种不同而稍有不同……

啪

嘻——♥

咦？你趴在上面干什么？

这架超轻型飞机还没有坚固到可以让马先生你爬到上面！

啊！

我只是想多学一点嘛！

超轻型飞机的构造

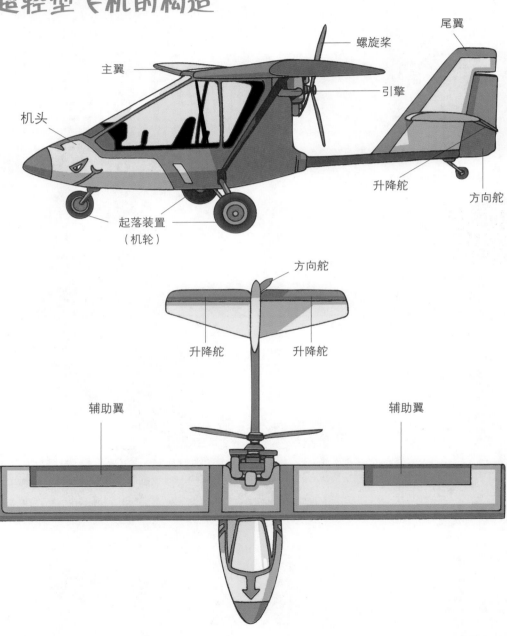

螺旋桨

尾翼

主翼

引擎

机头

升降舵

方向舵

起落装置
（机轮）

方向舵

升降舵

升降舵

辅助翼

辅助翼

机 头

机头是一体成形或是两片金属制的骨架,可用来减少空气阻力,并将重量最小化。驾驶舱内有仪表板,座位的设计是一左一右并排或是一前一后。

机 翼

机翼是飞机最重要的升力产生装置,由辅助翼和扰流板所构成(有些机种没有扰流板)。覆盖在合金或金属骨架上的玻璃纤维或特殊的布料,可以使重量最小化。按照机翼的位置可分为高翼、中翼和低翼 3 种;按照机翼的个数可分为单叶、复叶和 3 叶等。

尾 翼

尾翼位于飞机的后方,水平面上有升降舵,垂直面上有方向舵。

起落装置(机轮)

起落装置是能使飞机在跑道上安全起落的固定装置,分别附着在飞机的机头和机翼底部。

引擎与螺旋桨

引擎就是发动机,它的功能不仅是产生推力,也是为照明、通信等设备提供电源的发电机。螺旋桨附着在引擎上,呈放射状,转动时会把空气向后推,使飞机获得推进力。

第四章

飞行
初体验

教练，
你在干吗？

嘘！

今天你真的
是一个人来的吗？

刚才说过了啊，趁我爸爸睡午觉的时候我自己搭公交车来的。

疑心病真重！

你爸爸有没有跟踪你？

凡事都要小心谨慎！

教练，你也太夸张了吧！

又在拍
不是啊
阿谀

一切正常！

很好！

今天开始要实际操作了，你要有心理准备！

是！

从现在开始，你要一边复述我的指示，一边操作仪器。

遵命，教练！

首先，我来说明仪表板部分，你要用心看着仪表板哟！

从上面的左边开始，分别是观察上升速度的升降仪、观察高度的高度仪和显示速度的速度仪。下面从左边开始排列的则是燃料计、燃料排气温度计、观测倾斜角度的水平仪、转速表（RPM＊）和水温计。

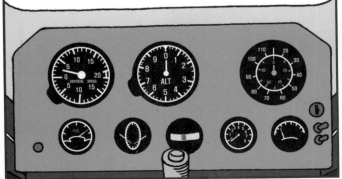

飞行的时候要注意这么多的仪器吗？

那当然！

＊RPM：引擎每分钟转数，以表示引擎所产生的力量大小，汽车上一般都有这样的仪表。

37

在你左手边的是控制动力的节气阀，它可以用来控制RPM。

脚踏板是靠缆线连接在一起的，是操纵机身后方方向舵的装置。你现在踩下去。

哇，飞机动起来了呀！

咔嗒

咔嗒

嘻，挺好玩的嘛！这样用力踩不就飞起来了吗？

住……住手！

蹬

蹬

接下来要讲的是控制辅助翼和升降舵的操纵杆。

看起来就像是在打电子游戏呀！

啪嗒

啪嗒

这是操纵超轻型飞机上升、下降、左右移动的操纵装置。

哇,真神奇！那教练你在后座怎么操纵飞机呢？

除了仪表板之外,后座也配备了所有的操纵装置,今天暂时还是由我主控,你只要跟着我的指示去操作就行了。

那我也可以操纵飞机了？

当我把控制权交给你的时候会说"You have control",你要回答"I have control",然后再开始操纵飞机 *。

如果双方同时操纵仪器就很容易混乱,说这句话的用意是在确认控制者。

不过教练,

"You have control"和"I have control"是什么意思啊？

你的英文这么差吗？

啪咔咔咔

轰隆隆隆

* 这是主副飞行员交接控制权的术语,字面意思为"你来控制""我来控制"。

可以起飞了吗？

还不到时候，要先预热，等引擎充分发热才能让飞机起飞。

预热？引擎也需要准备运动吗？

超轻型飞机若不事先预热就起飞，会对引擎造成很大伤害，而且飞行途中引擎很可能会熄火。

另外，起飞前也要记得检查空域内有没有其他的飞机。

真麻烦……

当我说"left clear？"，你就必须检查左方是否有障碍物，然后回答"left clear"；右方若一切正常，那就说"right clear"。*

高度仪要先归零，还要检查水温计,看引擎有无预热。

是，教练！

高度计检查完毕，目前水温计显示温度是40℃。

* 这也是飞行术语，"left clear""right clear"的字面意思分别是"左侧无阻碍""右侧无阻碍"。

当达到时速 80 千米的时候要后拉操纵杆，让飞机上升。

哇，飞起来了！

目前高度仪显示飞机高度是 170 米，时速是 90 千米。

嗯，不错！

170 米是很恰当的高度。You have control.

OK! I HAVE CONTROL!

OK !

I HAVE CONTROL!

不要吊儿郎当,给我认真一点!

要是你再这样胡乱摆动操纵杆,我会立刻中止你的飞行训练!

是……知道了。

今天的第一堂实习课,我们要做的是维持固定的高度,往目的地飞行的"水平直线飞行"练习。

啊?只能一直飞往目的地,那不是很无聊吗?

会不会很无聊试了不就知道了?今天风大,看来直线飞行训练不会像你想象中的容易哟!

嘿嘿,直线飞行有什么难的!

你就以前面的那座岛为目标，试试直线飞行吧！

是！

教练，你刚才说要我往那座岛飞过去对吗？

你该不会以为很容易吧？

咦？

咦？

教练！

会是移动的城堡吗？

那个岛好诡异，好像一直在往右边移动！

我的天哪！

岛怎么可能会自己动啊！是我们的飞机在往左边移动。

怎么可能呢！我把操纵杆抓得很紧！

即使你把操纵杆抓得再紧，飞机也会因为右边吹来的风而飘向左边啦！

那就不是我的问题了，都是因为有风嘛！

怎么不是你的错？看到飞机被风吹向左边，你就应该把操纵杆往右边推，以求得平衡哪！

是这样的吗？

那好！这种小事就看我的……

啪

啊，这次又太偏右啦！

轰隆隆隆

这个操纵杆怎么这么灵敏啊？我只是轻轻推了一下而已。

现在是不是正常了？

这次却又越飞越高了！

300米，什么时候飞这么高了？

哗啦啦啦啦

现在好多了。比想象的还要吃力吧？

我的手好麻啊，教练。

那是因为你太紧张，操纵杆握得太用力才会那样的，心情放轻松点很快就会好的。

第一次的实习课能做到这样已经很不错了。

I HAVE CONTROL!

YOU HAVE CONTROL!

呼，还真是不容小觑呢！紧张得我满手都是汗。

好了，今天的练习就到此为止，该飞回机场了。

是，您辛苦了！

哗啦啦啦

噗呜！

超轻型飞机仪表板

升降仪　高度仪　速度仪

燃料计　燃料排气温度计　水平仪　转速表　水温计

升降仪 显示飞机垂直上升、下降的情形。

高度仪 机器内部的"气压袋"随压力的变化而膨胀、收缩的情形，会传达到仪表上以显示机身的高度。

速度仪 显示飞行时的速度，以小时为单位。

燃料计 显示油箱内燃料的数量。

燃料排气温度计 感应引擎排放气体时的温度。

水平仪 透过仪器的显示，可随时修正飞行时机身的倾斜度。

转速表 显示引擎的转速，可经由节气阀（油门）做调整。

水温计 设置于引擎内测量水温的水温计，引擎发动后水温必须达到标准水温，起飞后才不至于给引擎带来过大的负荷。

超轻型飞机的起飞过程

滑 行

进入跑道之前,务必先查看跑道上有无其他飞机,若有其他先进入跑道的飞机,应该让对方先行。

起飞后上升

当滑行速度达时速 80 千米时,飞行员就可以操作操纵杆使飞机上升,此时操纵失当就会有坠落的危险。因此,驾机者应该具备良好的操纵技术。起飞后到达安全高度之前,飞机必须保持最大马力和最低上升率(每分钟约 1.6 米)。

第一次上升

所谓飞机的安全高度,是指能够完全通过周边的障碍物,上升过程中即使发生紧急状况也能够安全飞行的高度。以超轻型飞机为例,一般标准是 100 米的高度。待飞机达到安全高度后,驾驶者必须减小马力,以适当的速度保持水平飞行。

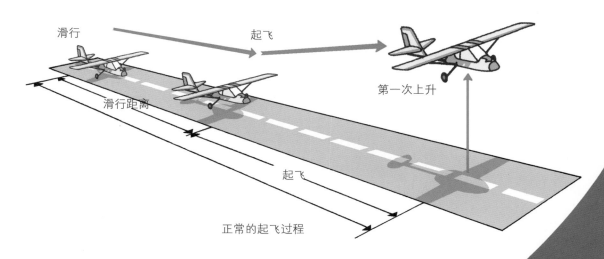

滑行　　　　　起飞　　　　　　　　　　　　第一次上升

滑行距离

起飞

正常的起飞过程

第五章

起降训练

哗啦啦啦啦

我们先下去加油，休息一会儿再继续练习吧！

是。

呼，终于结束了。

哗啦啦

咦？

咔嚓

教练，跑道上有个人影！

什么？

爸……爸爸！

儿子哟，赶快摆造型，我帮你拍张照片。

茄子！

握紧

轰隆隆隆隆

咻咻

呜哇

复飞 *！

哎呀，真可惜，错失了拍照的时机！

你来这里又想做什么呀！

你该不会不知道，不能随便进入跑道吧？

对不起啊，我只想帮我儿子拍张照片……

那也不行，你差一点儿就没命啦！

一点基本常识都没……

* **复飞**：指原本降落到跑道上的飞机，因故中止降落重新升空。

51

您就别再跟我计较了，快去尝尝我准备的美食吧！

美食？顶多就是外卖的饭团吧！

总之，不能再有下次了。

真是，我这是招谁惹谁了？

咦？

咦？嗒啦

这是哪来的满汉全席啊？

小意思啦！

哇啊！

我听说飞行员平时就需要保持最佳的精神状态和体力，所以我就随便做了一些。

我爸爸是厨师哟！

呵！

刮目相看

打从第一眼见到你，我就知道你是个了不起的人物，我果真没有看错人。

呵呵，你过奖喽！

感动

刚刚才说我爸爸没常识……

你也来和我们一起吃嘛！

看起来好好吃！

我没有关系啦，你们尽量吃吧！

对了，我想起来了。

看你为了早日参加飞行训练而忍受减肥的痛苦，我都觉得很不好意思呢！

啊，不用不好意思啦……

嗯

总之，看在你父亲这么努力的分上，我们也得尽一份力啊！

没错！

我们来努力把这些食物吃到肚子里好储备体力！今天就趁机吃个够吧！

真是的

咔啦咔啦

好吃

嗝——那就开始下半场的训练吧？

哎哟，肚子里的东西都没有消化，再休息一下好不好？

嗝！

什么？

还不给我快点出来上课？

呃——

你爸爸我为了来上课拼了老命在减肥，每天晚上背着你妈妈偷偷地练习飞行技术搞到睡眠不足！你居然敢在我面前偷懒！

哎，知道啦！

请问一下，马先生。

什么？

你刚才说晚上偷偷地练习，那是怎么一回事？

你是说那个啊？

啊，也没什么。我说的飞行练习其实是偷偷地打战斗机游戏啦！

嘿嘿！

我还以为是什么呢！

接下来,我要开始讲解飞机三维运动的操作方法了!

飞机的三维运动是什么啊?

刚才所提到的飞机三维运动是指"俯仰""滚动""偏航"。俯仰是指飞机的机头以机翼为横轴而上升、下降的运动。将操纵杆往后拉会使升降舵上升,此时,气流遇到升降舵上翘的舵面产生阻力,阻力产生压力,将飞机尾部向下压,机头自然就向上了。飞机的上升就是运用了这样的原理,相反,把操纵杆往前推,机身则会下降。

横轴

上升的时候,机体的提升会增加空气阻力而使得速度降低,这个时候,必须一边重踏油门一边维持上升角,同时操作操纵杆。

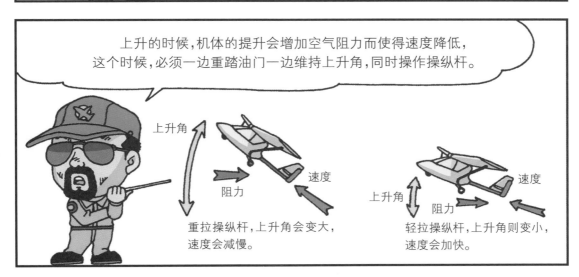

上升角
速度
阻力

重拉操纵杆,上升角会变大,速度会减慢。

上升角
速度
阻力

轻拉操纵杆,上升角则变小,速度会加快。

使飞机降落的做法和上升是不一样的。想要让飞机降落，在不操作操纵杆的情形下减小油门（RPM）即可。若是把操纵杆往前推，会因为速度加快而很可能让飞机骤降，所以为了安全降落，只要减小油门让机身缓慢降落就可以了。

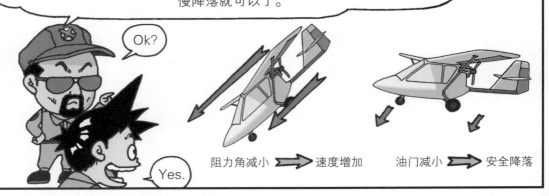

Ok?

Yes.

阻力角减小 ➡ 速度增加　　油门减小 ➡ 安全降落

现在开始减小油门。

现在准备下降！

你做得非常好！

嘻！

所谓滚动是指以机身为纵轴回旋的情形，将操纵杆推向右侧，则右方辅助翼会上扬，左方辅助翼则往下。这个时候，飞机的左翼所受的阻力角因变大而升力加大，机身会开始往右边倾斜以至滚动回旋。

纵轴

相反，往左边倾斜时机身就向左边回旋。

哗啦啦啦

另外，操纵舱底下的方向脚踏板，是用来控制"偏航"的方向。

咔嗒

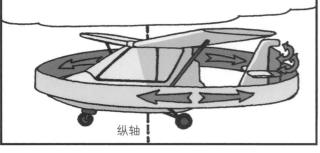

"偏航"是指以垂直机身纵轴为中心而回旋的状态。踩踏左边的脚踏板，方向会扭向左边。同理，踩踏右边的脚踏板，机体则会转向右边。

纵轴

很好，就是这样！

哗啦啦啦

讲到这里，你应该知道怎么操作上升回旋了吧？

没问题！

先加大马力！

咔嗒

然后把操纵杆向右前方拉,再踩踏右边的方向踏板……

哗啦啦啦

右侧上升回旋!

这次把操纵杆向左前方推,再踩踏左边的方向踏板,左侧下降回旋!

看我的!

你的操作技巧比一开始练习的时候熟练多了。

嘿嘿嘿!是教练您教导有方呀!

那么,今天的训练该结束喽!

啊?燃料还有很多,再练习一下嘛!

呵呵，看来是玩上瘾啦！好吧，那就继续吧！

呀嗬！教练最好了。

左侧上升回旋！

轰隆隆

右侧下降回旋！

左侧下降！

右！

左！

哎哟，连我也快被搞晕了。我们该回机场了。

再多练习一下嘛，教练！

太阳都下山啦，燃料也快要见底啦！

呃……好吧。最后一次……

真是的！不是告诉你燃料就快没了？不小心会坠机的！

超轻型飞机的操纵原理

辅助翼与横摇运动

一般来说，超轻型飞机有两片辅助翼，分别设置在两侧主翼的后方位置，一上一下交错摆动，以辅助飞机的横摇运动（以机身的纵轴为中心的左右运动）。辅助翼与控制杆以缆索相连，随着操纵杆的左右运动而产生作用。

假使将操纵杆向右推，此时左侧主翼上的辅助翼就会朝下，与主翼呈水平状态时相比能够发挥更大的升力，而右侧主翼上的辅助翼会朝上以降低升力。这个时候，机身的右侧会产生横摇现象，飞机就往右侧回旋了。

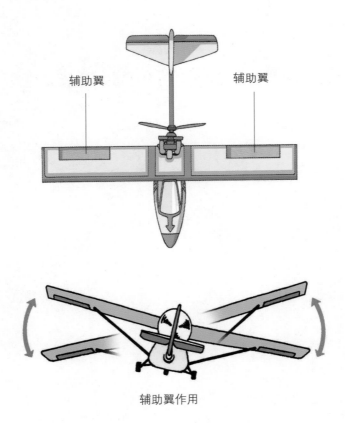

辅助翼　　　　　　　　　　　辅助翼

辅助翼作用

升降舵与纵摇运动

升降舵可视情况适时调整,可控制飞机的纵摇运动(指飞机以横轴为中心而升降的运动)。

升降舵同辅助翼一样,是和操纵杆连接的,以相同的原理随操纵杆的前后运动而起作用。

方向舵与偏航运动

方向舵位于垂直翼的后方,由缆绳连接在两个踏板上,像鱼的尾鳍般能够左右摆动,辅助飞机的偏航运动(机身以横轴为中心的左右运动)。

踩踏左边踏板时,方向舵会向左边摆动,而机头就会朝向左边。

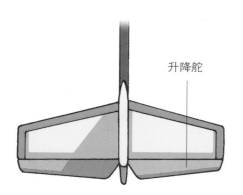

升降舵

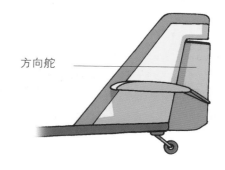

方向舵

升降舵的作用

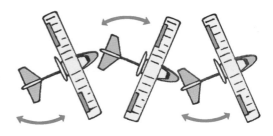

方向舵的作用

61

第六章

没完没了的起降训练

嗯。

检查飞机状况一切正常!

很好,登机!

哗啦啦啦

机器显示,高度仪检查一切正常!

从今往后的几天,我们将进入飞行训练中最高难度的起降训练。

飞行日志

学习起降技巧，可以说是占据了飞行课程一半以上的重要训练，你必须全神贯注才行。

紧张。

减小马力改以脚踏板操作进入跑道，等滑行到起点的时候先踩住刹车踏板让飞机原地静止，进一步确认空域里有无其他飞机。

是。

接着，放开刹车踏板改踩油门加速，时速约 80 千米的时候，把操纵杆往后拉让飞机起飞。

安全进入跑道了，空域里没有其他飞机。

哗啦啦

很好。

飞机起飞后以最大马力（大约 6500rpm）上升到安全高度，升空后应该和跑道呈一直线。接着，等达到安全高度 100 米时改为水平飞行。

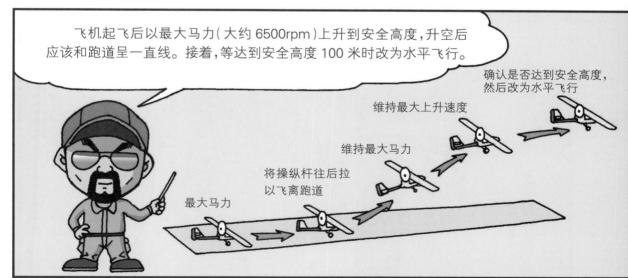

确认是否达到安全高度，然后改为水平飞行

维持最大上升速度

维持最大马力

将操纵杆往后拉以飞离跑道

最大马力

全速前进

轰隆隆隆

咻鸣

你在干什么呀？飞机在往右偏离跑道啊！

哗啦啦啦

踏板太灵敏了，我很难控制。

发现机身偏离跑道，就该立刻踩住脚踏板来修正航线啊！

呼！真是手忙脚乱。

是。

航线修正完毕，时速是 80 千米！

轰轰

不错，现在你可以往后拉操纵杆准备起飞了！

哦！飞起来了！

别太兴奋啊！

机身又偏向右边了，赶快修正航线，记得维持上升速度。

是。

指针的高度达到100米的时候要转换为水平飞行。

我看看，高度仪在……

高度已经超过160米了，教练。

什么？你居然忘了确认高度！立刻改为水平飞行！

目前高度 100 米,时速 110 千米。RPM 是 5000。

很好,往左方上升回旋,把高度拉到 160 米!

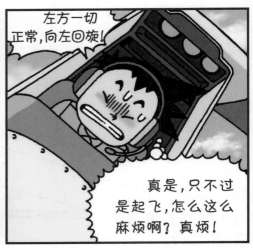

左方一切正常,向左回旋!

真是,只不过是起飞,怎么这么麻烦啊?真烦!

减小马力,降低高度,然后目测预备降落的地点。

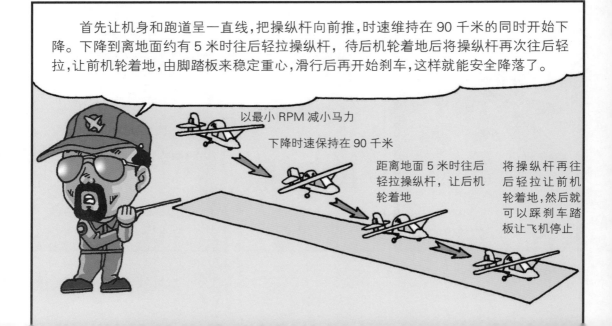

首先让机身和跑道呈一直线,把操纵杆向前推,时速维持在 90 千米的同时开始下降。下降到离地面约有 5 米时往后轻拉操纵杆,待后机轮着地后将操纵杆再次往后轻拉,让前机轮着地,由脚踏板来稳定重心,滑行后再开始刹车,这样就能安全降落了。

以最小 RPM 减小马力

下降时速保持在 90 千米

距离地面 5 米时往后轻拉操纵杆,让后机轮着地

将操纵杆再往后轻拉让前机轮着地,然后就可以踩刹车踏板让飞机停止

你不用太紧张，只要按照上课时我教你的步骤就行了。

真要做哪有那么容易啊？

机身太低了，快点踩脚踏板来修正方向，把操纵杆再往后拉，让下降速度慢下来。

哗啦啦啦

啊，速度好像太快了。这样下去我们要坠机啦，教练！

第一次多少都会害怕，就目前这个状态准备降落吧！

真……真的不行啊！

紧张

看你手忙脚乱的。马上把机身降低一点！油门都没有踩就突然拉操纵杆会造成失速，飞机会坠落的啊！

哗啦啦啦

我看还是不行，由我接手吧。I HAVE CONTROL！

真可惜！

呼——

累死人了!

幸好有教练在后面,要不然的话……

重新起飞!

什么?

左旋！

哗啦啦啦

这次可不能再出错啊……

飞机要进入跑道了。

哗啦啦啦

很好。

降低马力,时速维持go千米！

呜呜呜呜

即将离地面5米！

轻拉操纵杆。

啊！

这就表示你的操纵杆倾向一边了,再起飞!

是。

减小马力,准备降落。

保持现在这个速度,让机身和跑道中央平行。

再起飞！

还要再来啊？

哗啦啦啦

轰隆隆隆

这次做得不错，再来！

做得好，还要继续啊！

准备落地。

哎哟，累死了！我已经筋疲力尽了。

呼呼！

最后的练习做得不错。

真的吗？

我这小小的年纪居然能成功地完成起降训练……

激动

又开始自我陶醉了。

什么时候可以结业啊，教练？

八字还没一撇呢！

老是在做梦！

我这么棒应该可以了吧……

严格来说，你的落地只有一次是正确的！在技巧纯熟之前，最好别掉以轻心，应该继续认真练习！

哦……

不用太沮丧。你要继续加油，一定会越来越顺手的。

我是不是太严格了?看他泄气的样子有点于心不忍。

要不要去安慰他一下?

真的啊?

当然喽!

咦?

教练见到我落地做得那么好，他就称赞我说从来没见过像我这么聪明的小孩，我听了都脸红了呢!

与其说这小鬼能举一反三，不如说是爱自夸又爱幻想。

哇，就算你现在就去考驾照也没问题喽?

不愧是我的儿子!

唾沫横飞

才被说教一转身就又……

一向吝于称赞别人的教练怎么可能会对这小不点……

听这小朋友说的又很像有那么回事……

起降规则

当机场上有多架飞机同时起降时，为了维持良好的秩序以及预防事故的发生而拟定以下规则。所有的飞行员即使在没有管制塔的情形下，也都必须严格遵守。

正风区域

以着陆方向为准，与跑道平行的飞行路段。使飞机逆着风向而行，提高起飞和着陆的效率。

侧风区域

从飞机的起点开始，与跑道的平行线呈直角的飞行路段。

背风区域

与着陆跑道方向相反，是平行于跑道的飞行路段。

起始区域

跑道中央线与延长线上的飞行路段，是让飞机预备降落的区域。

最终区域

从背风区域末端开始，与跑道的延长线呈直角的飞行路段。

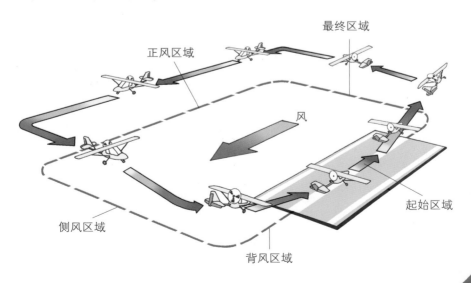

第七章

体验失速

我终于减肥成功喽!

噢!

终……
终于……

咔嚓
咔嚓

成功了

吓

74

哇哈哈哈,我等这一天已经等了很久了!

差一点给吓破胆。

呼呼

老婆,我终于减到95公斤啦!我终于可以去上飞行训练课啦!

实在是忍无可忍了……

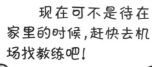

现在可不是待在家里的时候,赶快去机场找教练吧!

啦啦!

老婆,我出门去喽!

干吗这么兴奋啊?

咦?

停住

呃……

无力

啪嗒

老……老公!

这个。

究竟是怎么回事啊？怎么会突然……

你先生是严重的营养不良。

啊？营养不良？

真是的，我早就提醒他不要减肥过头，可他还是一意孤行。你给我起来！

你先生现在最需要的是好好静养……

速度降下来了！把操纵杆往后拉点。

哗哗哗

轰隆隆隆

可以了，保持现状准备起飞！

是！

轰隆隆隆

上升回旋！

哗啦啦

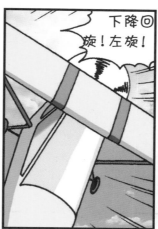

下降回旋！左旋！

减小马力，维持下降速度。

着陆！

哗啦啦啦

重新加大马力到极限，起飞！

水平回旋！把高度维持在160米！

机身偏掉了。别忘了必须跟跑道呈一直线啊！

准备着陆！

重新起飞！

好累！

看来你的起降技巧有进步了,我们绕到济扶岛去看看风景,放松一下吧?

好嘞!

呼,解脱了。

原来起降训练这么累人啊,大概是我太紧张了,现在觉得肩膀好酸痛!

等你熟练之后就会习惯的,况且你学得很快。

真的吗?

教练你也觉得我很有天分吗?

糟糕,他又开始得意了。

轰隆隆隆……

咦?

哇,那是真的飞机哟!

难道我们的是模型飞机?

不过教练，那架飞机为什么会喷出像烟雾的带状痕迹呢？

哈哈哈，那不是烟雾，而是飞行云。

飞行云是飞机经过后产生的，形成的原理其实和自然形成的云是一样的。

哗啦啦啦

飞行云是飞机的燃料持续燃烧时所生成的水蒸气，经由排气管排出之后会凝结成微小的结晶颗粒。一般飞行高度在 8000 米以上，大气温度在 −38℃ 以下时才会产生。

8 000m

所以说，刚才那一架飞机应该是飞行高度相当高的战斗机或侦察机。

明白。

那我们也可以飞到能够喷出飞行云的高度吗？

你疯啦？

咔哒咔哒咔

超轻型飞机怎么能飞到 8000 米那么高啊？还不给我下去！

啊？

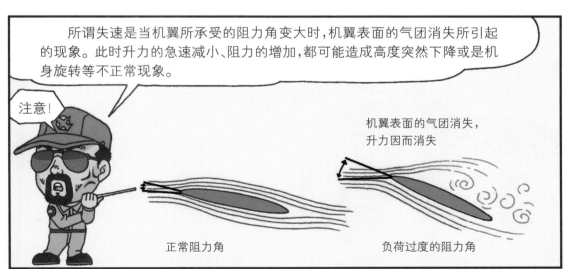

这么说刚才我们差一点就坠机了?

太小看教练了。

放心!

万一发生失速现象千万别慌张,记得先踩脚踏板来加速,然后把操纵杆向前推。

咔!

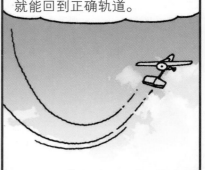

等飞机重新有了足够的马力和速度之后,将操纵杆往后拉使飞机水平飞行,然后飞机就能回到正确轨道。

能够遇到像我这么优秀的教练,你一定觉得很幸运吧?也只有我才能从容不迫地应付这种危险的紧急状况啊!

呃?

噗嘿嘿

可是,教练……

怎么样?

燃料好像快要见底啦!

什……什么?

到现在才说!油用光之前赶快飞回机场!

刚才根本没有机会说话呀!

轰隆隆

飞行云是怎么形成的

飞行云也称凝结尾迹,是当飞机飞过又冷又湿的大气层时,在尾翼部位所形成并拖曳的细长云朵。一般而言,当飞行高度在 8000 米以上,飞行云便会随着风向而改变形状,也会随着周边的相对湿度加大而渐增。

当飞机配备有喷气引擎在空中飞行时,其引擎所排放的废气温度约为 625℃,这个时候,废气中的微小颗粒会与水蒸气结合,有利于水珠的形成。这些水珠就会结晶成云朵,就是大家所见到的飞行云。这些飞行云的形状会随着引擎数量而起变化,例如配备两台引擎的飞机会形成两道云,配备四台引擎的飞机则会形成四道飞行云。

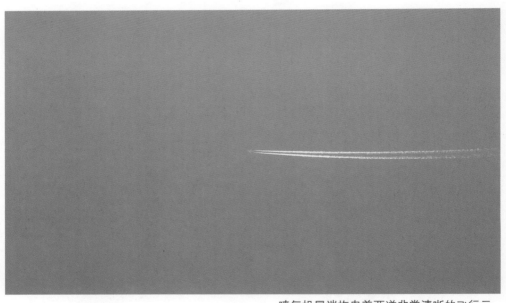

喷气机尾端拖曳着两道非常清晰的飞行云

为什么飞机会失速

所谓失速是指飞机在飞行时超过临界迎角后，由气流分离现象引起升力急剧下降而不能保持正常飞行的现象。促使飞机浮起的升力是由流经机翼上面的空气速度较快所产生，因此流经机翼上面的空气团一旦消失，升力就会骤减，"四力"失去平衡，使飞机无法维持正常的飞行状态。

起降时最容易发生失速

最容易发生失速的情形是在飞机起降的时候。当飞机要着陆时，如果为了降低速度而过度推拉升降舵，会因为机身过低而使流经机翼后方的气流形成分散状态，飞机便容易失速。另外，起飞的时候若是因为机翼倾斜造成失速的情形，则飞机会在一瞬间处于无法操纵的状态。当飞机尚未达到适当高度时就陷入失速的状态是很难及时恢复的，所以，必须在最短的时间里使阻力角（机翼的中心线和风向所形成的角度）变小，增加引擎的推力，才能使飞机在失速状态中恢复正常。

第八章

侧风起降

起床！

还不快一点？

哎——

让我再睡一下嘛！

你这小子，也不看看现在都几点了……

呼噜噜

很好，老子自有妙计。

皮肉苏醒法

把抓起

撑开

你现在就起床吧，
儿子大人！

呃……

哎哟，我很累，今天就让我
在家里看手册复习好不好？

别以为我
拿你没辙，快点
起来去上课！

呵，好困！

我们的训练都是
按进度的，两位怎么
现在才来啊？

真不
好意思。

我爸爸一直说不想来，
是我劝说了很久才来的……

你这小子！

你说的话我
很难相信……

87

轰隆隆隆

今天的风正好很大，很适合进行侧风起降训练！

那是什么啊？

超轻型飞机很轻，所以对于从侧面吹来的风很敏感。

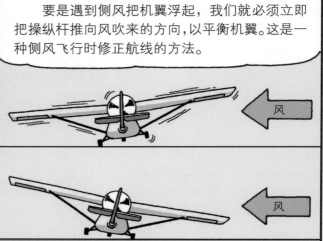

要是遇到侧风把机翼浮起，我们就必须立即把操纵杆推向风吹来的方向，以平衡机翼。这是一种侧风飞行时修正航线的方法。

风

风

当机身倾向风吹来的方向且到达适当速度的时候，我们就可以操纵升降舵，让飞机离地之后立刻使机翼以水平状态起飞。

目前的风向在左边,你立刻把操纵杆往左边倾斜来修正侧风现象!

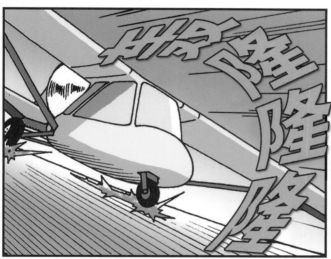

你在发什么呆?快点修正航线啊!机身被风吹得快要倾向右边啦!

是!

很好!

让机身保持水平，然后飞到着陆点。

哎哟，又要开始累死人的重复训练了！

你的回旋角太大了！

是！

侧风着陆也有个准则，就是把操纵杆往风吹的方向倾斜，然后让飞机接近地面。

是！

下降时速维持在 90 千米，我要准备进入跑道了。

做得很好，再做一次侧风起飞！

要是在起降的时候都吹正风当然问题就少，不过，正是因为风向是不可预知的，所以你一定要随时做好应变准备。

我听得脑袋都快打结了。

若是风向都很固定就好办了，偏偏每次都是乱吹一通。

风是空气由高气压往低气压的移动而产生的，而气压的强弱会随着空气的性质而产生变化。

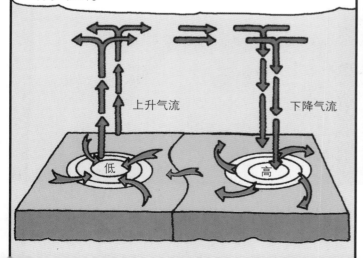

热空气会因为密度小而变轻，气压会降低（低气压）；冷空气会因为密度大而变重，气压会升高（高气压）。

上升气流　下降气流

低　高

这样呢，暖空气和冷空气之间会产生气压的差异，所以才会起风。

也就是说，气压的落差越大，风吹得就越强啰？

没错。

我们现在飞越的这个区域临近大海，所以通常吹的是海陆风。

　　在临近海域的地区，由于地面和海面的气流受热膨胀速度不同，进而形成"海风"和"陆风"。白天，从海面吹向陆地的风称为"海风"；夜晚，从陆地吹向海面的风则称为"陆风"。

　　我只希望在上起降训练课的时候都吹正风（迎面吹来的风）。

　　正面的风不见得都是有利的。因为在飞行当中若都是正风，不仅飞行速度会变慢，也特别耗油。相反，背风可以让飞行速度快，燃料也比较省，但是起降时间就会被拉长了。

怎么这么麻烦啊！

反正都飞到这里来了,干脆逛一圈济扶岛再回去吧!

吧——

不论是哪一种风向都有利有弊,我们了解其中的原理,熟悉相应的飞行技术才是最重要的。

原来如此。

哗啦啦

啊!

突、突然有架飞机出现在我们的正前方!

哗啦啦啦

啊?

赶快把操纵杆往右边推!

咻呜呜

啊啊啊!

幸好没事了。

我一开始就告诉过你，飞行途中若要回旋，一定先四面观察啊！

对不起嘛！

一听说要去济扶岛，一时太高兴了才……

遇到像刚才那种危险的情形，双方都必须往自己的右边避开。这是飞行员之间的默契。

不过，刚才的那一架飞机怎么没有任何回避动作呢？

大概是比你还菜的菜鸟在操纵吧！

看来要更加小心了。

只要看看下课回来的教练和学生的脸色，我大概就能猜出来。

啊？

我指的是一天下来的上课情形啊，只要看一眼两个人从飞机上下来的样子我就能知道。

啊哈，您是说若是苦瓜脸，想必就不是很顺利了？

那一组看起来课上得还不错。

两人都很愉快呢!

从他们的表情看来,课上得不太顺利。

啧啧啧,脾气这么坏……

呼—

呼

干吗为那种小事气成这样啊?真是小心眼……

又不是小娃儿……

就差那么一点就没命了,居然说是小事!我早就告诉过你,一定小心操纵。

看来,差点跟我们相撞的那架飞机就是你爸爸操纵的。

是今天相处最差的一组呢!

风是怎么形成的

气压是一种往下挤压地表的力量，而这个力量的强弱会随着空气的性质不同而产生变化。一般而言，热空气会因为密度小而变得轻，气压降低而称为低气压。相反，冷空气则因其密度大而变得沉重，气压上升而称为高气压。气压的差异会造成空气的流动，这就是我们所熟悉的"风"。如同水从高处流向低处，风也会从气压高的地方往气压低的地方移动。气压的落差越大，风力就越强。

海　风

白天在太阳的照射下，陆地增温很快，气温比海洋高，空气受热膨胀变轻而上升，而海上的冷空气就会流进来补充热空气所留下的空缺而形成海风。

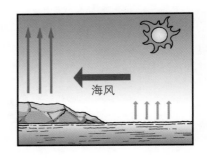

陆　风

相反，入夜之后，陆地的温度会比海上下降得快。当海上的暖风上升之后，陆地的空气吹向海上补充海面热空气留下的空缺形成了陆风。

气压的差异可能带来的影响

平时,我们对于大气压并没有明显的感受,这是由于我们的身体能够产生相等于大气压的力量与之抗衡的缘故。可是,外太空是一个没有空气的真空状态,因此,宇航员到了外太空若不穿上航天服,会因为体内外的压差悬殊而发生生命危险。

飞机起降时鼓膜会痛

飞机起降时,飞机上有些人会感觉到耳朵疼痛,这是由于鼓膜的外部和内部的压力产生差异,而使鼓膜的一部分鼓起的缘故。遇到这样的情况,可以吃颗糖果或是喝饮料来减轻疼痛,因为当我们在吞咽口水时,脖颈或是脸部肌肉的运动能够调节压力。

在山上煮饭容易半生不熟

海拔越高空气就越稀薄, 空气变得稀薄也正表示气压降低了;气压越低,水的沸点也会跟着降低。

一般而言,水的沸点是 100℃,但是在山上,90℃~95℃时就会达到沸点,温度无法继续提高,这也就是在山上煮饭容易半生不熟的原因了。

第九章

紧急情况应变训练

哇,是飞机!

哇!

酷哇!

好帅!

妈,我要飞机。

等中了"大乐透"再说吧!

真不愧是假日,有这么多人到济扶岛来玩呢!

我们为那些观众表演一次精彩的特技飞行吧，教练。

哗啦

不可以！

今天是周末，飞机比较多，像今天人多的情况应该格外留心才行。

哎哟，真是让人失望啊！

心虚！

伟大的教练竟然这么胆小啊？像今天能见度这么好的天气，哪里用得着担心跟别的飞机相撞啊？

胆小？谁胆小了？

这种天气反而使我们的视觉焦点会往前缩短，视线很容易专注眼前，因此就无法立即掌握周边其他飞行物的动向！

哗啦啦

越是好天气，我们越容易过于放松而造成事故。

什么都不懂还想耍酷！

我以为不管是哪一种恶劣的气候，教练一定都能展现最棒的操纵实力，所以我才想拜托教练……

哦?

脸红

嗯，没错，我是很棒，我不过是想先让你知道应该要多加小心罢了。

这小子观察力这么敏锐啊!

好吧，既然你这么诚心求我，那就让你开开眼界吧!

嘻嘻!作战成功!

坐稳喽!

轰隆隆

呀嗬!

太帅了，教练!

咻咻咻咻

嘿嘿嘿，这个小意思啦!

下一个是难度更大的动作，坦白说，超轻型飞机这么做是有危险的……

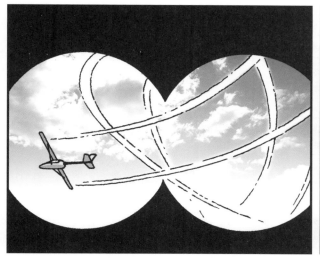

那个正在做特技飞行的是谁？

啊？

那是朴教练，会长。

又是朴教练？

身为教练应该要教导学员不能在人多的场合进行特技飞行，反倒是自己先玩起来啦？

那小子从他念飞行学院的时候就爱闯祸，到现在还不知悔改。

等他们下来之后立刻叫他来见我。

原来，朴教练在这个世界上也有死对头啊！

耳朵好痒,是不是有人在说我?

教练。

超轻型飞机上难道没有雷达吗?有了这个东西,就能轻易地避开其他靠过来的飞机啊!

雷达?

对于超轻型飞机而言,雷达会让机身超过规定重量,价格上也会变得相当昂贵。

所以说,超轻型飞机也就只能完全依靠操纵者的眼睛和耳朵了。

呵呵,原来靠的是真人雷达呀!

还有,在飞行途中为了预防和其他飞机相撞,操纵者必须随时提高警觉。

有一套规则是为了让多架飞机在同一空域能够安全飞行而制定的,我们叫"进路优先规则"。

讲不完的规则。

一旦面临紧急情况,在空中交通规则里关于优先权是这样规定的:飞行在同一高度且同一机种的飞机当中,飞在右侧的飞机有进路优先权。另外,处于前方视线不良的情况之下,不可从对方飞机的上方或下方超越行进。

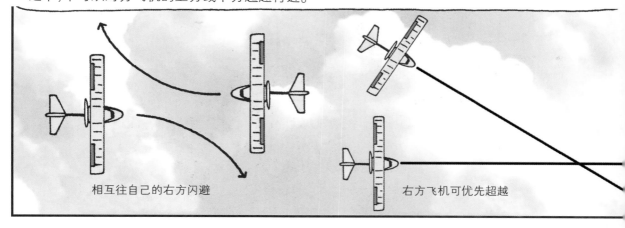

相互往自己的右方闪避

右方飞机可优先超越

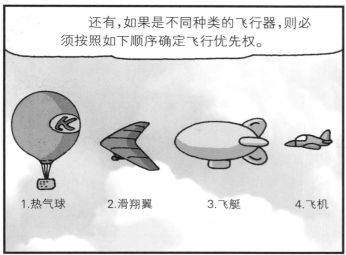

还有,如果是不同种类的飞行器,则必须按照如下顺序确定飞行优先权。

1.热气球　　2.滑翔翼　　3.飞艇　　4.飞机

那就是说,热气球在天空算是老大喽?

应该说是按照动力方式来决定优先权。

好了,玩够了吧?接下来我们要开始实习紧急情况应变训练了。

哎,好想再多玩一会儿。

这是假设引擎或是操纵仪器时发生故障的模拟训练,你要有心理准备哟!

那种事情真的会发生吗?

虽然发生的概率很小，但引擎熄火或是操纵系统故障的话是十分危险的。

为了应付这些危机，一定要认真进行这种训练。

引擎要是发生故障，飞机不会马上掉下去吗？

超轻型飞机的机身很轻，即使是引擎熄火，还是有可能在空中持续滑空＊一阵子。也就是说，并不会像你想象的那样可怕。

轻巧的机身原来有这样的好处。

真正面临紧急状况的时候，操纵者的心理素质比什么都重要。一定要冷静应变！

迫降的地点最好是选择宽阔的农田、空地或是海边等比较开阔的地方。超轻型飞机的机身轻巧、速度缓慢，所以就算是不够大的地方也能降落。

＊滑空：借助风向或是升力在空中滑行的状态。

迫降的场所若是凹凸不平，着陆时为了避免机头撞击地面，应该把操纵杆往后拉，以防止可能的翻覆事故。

如果引擎正常而操纵杆或螺旋桨发生故障了,要怎么办?

操纵杆故障就利用螺旋桨和脚踏板；要是螺旋桨坏了，还可以借助操作操纵杆和脚踏板来使飞机正常的上下左右运动，所以只要能好好地掌握就行了。

万一操纵杆、引擎、螺旋桨、脚踏板全都坏了呢?

那就等着坠机吧！你以为起飞前检查飞机是无关紧要的啊?

哗啦啦啦

现在，我们要关掉引擎往跑道迫降,要记得我刚才教你的,冷静操作。

是!

进入跑道。关掉机上所有的电源！

噗，噗噜。

把操纵杆轻轻地向前推，维持滑空速度，把安全带系紧以防着陆时猛烈颠簸。

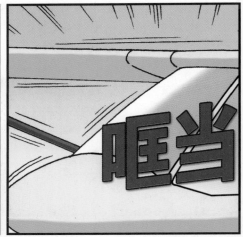

做得很好。在这种紧急情况训练中要不断地修正和练习，才能在实际面对时冷静应变。

呼——

朴教练！

不同航空器的优先权

1. 存在引擎故障以及机体有缺陷等危急状态的航空器，相对于其他的航空器可行使优先权。

2. 飞行于高处的航空器应礼让低处的航空器，若彼此都处于可能发生碰撞的路径，则必须让右方航空器先行。

3. 同一机种且飞行于同样高度，朝同一方向飞行时，位于右方的航空器具有优先权。若各为不同机种，则相关规定如下：

(1)相对于其他所有的航空器，热气球有先行的优先权。

(2)滑翔翼相对于飞行器具、飞机和旋翼航空器，拥有先行的优先权。

(3)牵引滑翔翼的飞行器具和空中供油机，相对于有动力装置的航空器有先行的优先权。

4. 双方在飞行途中若处于迎面状态，则各航空器的操纵者应该将航空器转向右方以保安全。

5. 航空器在空中飞行时，高速度的一方必须让低速度者先行。若高速飞行的一方想超越前方慢速飞行的另一方时，应该保持安全距离，再从右方超越。

6. 预备着陆的航空器和即将进入跑道的航空器，优先于地上和空中的其他航空器。

超轻型航空器的安全守则

根据民航规定,超轻型航空器的操作者应遵守下列规定。

1. 禁止高空投掷可能对生命或财产有危害的物品。

2. 禁止在人口密集或是众人云集的场所上空飞行。

3. 禁止未经航空交通管制机关许可,任意飞行于限制空域或是管制空域、特定空域、警戒空域等。

4. 禁止在因浓雾造成无法以肉眼辨识地面物的状态下飞行。

5. 禁止从日暮到隔天日出期间的夜间飞行。

6. 禁止以非正常的飞行方式飞行。

7. 禁止可能造成空中冲突的近距离飞行,或是操纵者之间并无约定的集体飞行(多架飞机组队飞行)。

8. 注意事项:

(1)应随时保持能够以肉眼辨识同一空域里其他航空器的状态,并采取相应措施。

(2)配有动力的超轻型航空器应礼让未配备动力的超轻型航空器先行。

第十章

第一次单独飞行

今天你该尝试单独飞行了。

活用所有我教过你的飞行程序和技术，飞行的时候完全要靠自己去判断。

我会以今天的飞行来评估你的操作能力,教练希望你别太紧张,要谨慎操作。

是,教练!

我要你在单独飞行之前拟一份飞行计划给我,是不是都弄好了?

当然啰!

喀啦

飞行

你这小子,听说为了这份计划书你熬了通宵啊?

精神可嘉呀!

这个是——

起飞 > 绕行西华湖一圈 > 鞍山市区滑行 > 备注:在寿域上空特技飞行……然后该做什么呢?

居然异想天开,想自己去做特技飞行啊!给我重拟一份!

我也觉得不太好。

呃,知道了。

机身检查完毕。

嗯,确定都没有问题了吗?

这机场附近以及西华湖上空虽然都没有高度的限制,不过为了能在引擎过热时紧急迫降,飞行途中要记得维持最低限度的安全高度。

在人口稀少的区域，只要维持在 160 米以上的高度就很安全；但在人口密集区，则是以航空器的水平半径 640 米内最高障碍物为准，维持在 320 米以上的高度是原则。

320 米

160 米

飞行途中一定要时时确认上下左右的情况。若是遇到紧急状况，就得冷静地想想我教过你的处理方式。

别担心！

我再提醒你一下，不可以冒冒失失的，懂吗？

好。

呵呵，上课的时候虽然很严格，但是看来他比谁都还要紧张呢！

其实朴教练是面恶心善。

这架飞机是我全部的家产，要是你给我弄坏了，我是不会原谅你的，知道吗？

我就说嘛……

哎哟，我知道啦！

唉！

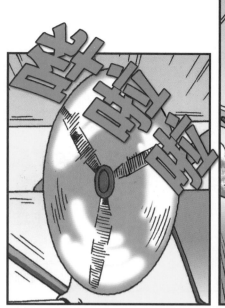

起飞!

哈哈,你一定感到很骄傲吧!他还那么小就已经能独自飞行了。

呜——

别那么激动嘛……

那个臭小子居然比我这个老爸捷足先登,都是我这一身赘肉害的。

我就知道是这样……

原来不是觉得骄傲,而是嫉妒。

113

目前飞行高度是200米,速度是每小时25千米,顺航中!

那么,为了体现这趟单独飞行的意义,我要结束无线通讯了。希望你按照先前的计划飞行,并且安全返回机场。

收到!完毕。

听起来他好像很紧张,我不太放心。

应该会顺利吧!

咔嗒

呀嗬——终于解脱喽!万岁!

啊!

他忘了关无线电啊!

太帅了!

嘿嘿,之前和教练在一起,这次真要自己飞了,感觉实在很过瘾啊!

他是在说跟我一起时感觉很差吗?

我早就觉得教练的斯巴达式教法很烦。

都是教练的高压手段害得我一直没有机会发挥我在飞行方面的天赋。

没有他在一旁啰唆,我对自己更有信心了,嘿嘿嘿!

哗啦……

哇——风景不错!

是不是战斗机啊?

哗啦啦……

哇!

哗啦啦……

轰隆隆……

啊，大家都来迎接我吧！

呃

想得美

要是没有教练的用心指导，我一定无法胜任这次单独飞行。

你……你这个虚情假意的臭小子！

哎，真是没脸见人……

你以为我不知道你刚才是怎么说我的吗？给我过来，臭小子，今天我一定要好好教训教训你！

你在飞机上说的话，教练从无线电里都听见了。快跑啊！

我知道错了，爸爸，你去帮我向教练求个情嘛！

哇啊啊啊！

我也无能为力啊！

不着陆单独环球飞行

2005年3月3日下午1点49分,美国冒险家史蒂夫·福塞特所驾驶的"环球飞行者号"喷气式飞机顺利降落在美国堪萨斯州盐湖机场。他在4天前的2月28日下午6点47分,从同一个机场起飞,以完全不着陆的方式飞行67小时后,完成了环球飞行的壮举,安全返回地面。福塞特驾驶飞机经过加拿大、大西洋、非洲、中东、印度、中国、太平洋等上空,总共飞行了3.7万公里,成为世界上第一个完成不着陆环球飞行的人。

"环球飞行者号"喷气式飞机是为了完成不着陆环球飞行而特制的。操纵舱位于飞机的主控位置,两个巨大的燃料桶分别架设在两侧,以确保飞行途中不需要着陆补给燃料。福塞特除了考虑到利用飞机每30分钟就启动自动驾驶的系统来补充睡眠之外,还考虑到上厕所的问题。4天里他只靠巧克力、奶昔和水来充饥。

福塞特曾经多次创下世界纪录。2002年,他是世界上第一位单独乘热气球以不着陆的方式完成环球航行的人;2004年,他又创下提前58天完成驾驶游艇环球航行的纪录。

"环球飞行者号"翱翔空中的英姿

第十一章

不可救药的爸爸

咯咯咯咯,我终于可以从后面偷袭你了,拿命来!

怎么这么快就跟上来了?大事不妙。要快点闪避……

哞哞哞

太迟了。我看你还是尝尝我的机关炮吧！

不行！

嘟嘟嘟嘟

瞧——我打中引擎了。

哇哈哈，我厉害吧？

可恶！我一定要报仇……

哼！尽管放马过来！

这两个人只顾着玩，根本没有练习。

学机关炮的声音倒是挺像的。

我叫你们练习紧急迫降，竟然变成了空中大对决啊？是不是不要命了啊！

抱歉。

对决中打输的一方坠机的时候，紧急迫降演练就更逼真有趣了啊！

真是，总是这样，理由一大堆。

现在我得去测试一下新进的旋翼直升机，在我回来之前，你们把机场附近的垃圾捡干净。

直升机？

你说的是那种以动力驱动的、以旋翼为主要升力来源，能垂直起落的航空器吗？

你也知道啊？

可不可以拜托你让我坐坐看？我这一辈子最大的心愿就是亲自坐上直升机啊！

我也要！

上次才说开飞机是毕生的心愿！

也行，但是有个条件。你们要保证不会乱动仪器。

好！

一切都听你的，教练。

你们要快点回来哟！

轰隆隆隆

嗡

嗡

哗啦啦啦

啊!

这种直升机的起降方式与其他直升机有什么不一样?

很相似,但并不是同一机种。

这种直升机属于超轻型航空器的范畴。

直升机的起降方式和一般的飞机不大一样,它是利用旋翼在飞行,所以应该归类在旋翼航空器中。

一般飞机是借助升降舵或方向舵来飞行,而直升机则是借助旋翼来飞行。旋翼在快速旋转的同时会把空气卷向直升机,而直升机也就会取得向上的升力。

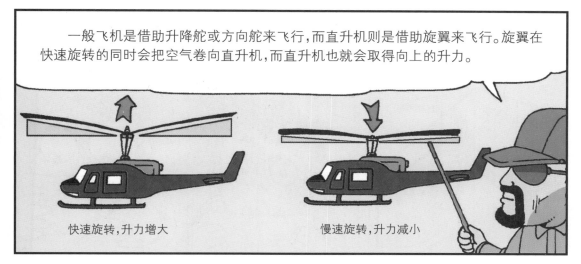

快速旋转,升力增大

慢速旋转,升力减小

还有，旋翼受自动倾斜器操纵可产生前后左右的水平分力，因此，直升机既能垂直上升下降、空中悬停，又能向前后左右任一方向飞行。

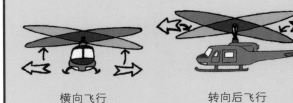

横向飞行　　　　　　转向后飞行

也就是说，直升机也能空中悬停或向后飞行喽？

是的，可以。

当直升机的旋翼提供升力的同时，也会使飞机与旋翼作相反方向旋转，因此必须以相反的力加以平衡，一般采用小型螺旋桨在机尾作相反的推动。

我们这种超轻型直升机小巧灵活，与其他的航空器相比，能做到超低速飞行，这是它的最大优点。

模拟笔试？

超轻型航空器驾驶证考试日期已经定了,现在该开始准备笔试了。试题并不难,你们试考一下看吧!

还要考笔试啊?

连这里也要考试……

瞄

第三题答案是什么?

不能作弊!

好难哟!

真是惨不忍睹,20个题目只答对了5题,真是的。

我尽力了。

嘿嘿嘿,你就为了答对这5题熬了通宵?真是辛苦哇!

马先生,你答对了6题,才赢你儿子1分,你也很辛苦哇!

哇哈哈哈!

总之,我们一定要努力用功,拿到驾驶证!

嗯!

你别以为老爸只会玩，其实这游戏里也能学到飞行理论。

考前 10 天

轰！

着陆时，机身应与跑道呈直线……咦？

噗哈哈哈！

哈！

你确定念的是课文吗？

绕行模式是指飞机从跑道……哎，又没有看懂。

厨师，菜烧焦啦！

考前 5 天

咦，他怎么也在这儿？

这就是说啊，他那么爱玩，怎么会在图书馆念书啊？

考试前夕

一定考上！一定！

怎么就是看不懂呢？这该怎么办啊？

直升机为什么会飞

直升机不同于一般的固定翼飞机,它是以旋翼旋转所产生的升力(使航空器升起的力)和推力(向运动方向推进的力)来飞行的。换句话说,直升机不是像一般飞机那样为了起飞而在跑道上加速前进以取得升力升空的,它即使没有宽阔的跑道也能够垂直起降。另外,它还可以经由机翼的倾斜产生前后左右的水平分力,完成后退或是左右飞行、空中悬停等动作。

直升机的构造与螺旋桨的原理

直升机的旋翼位于机身中央上方的旋翼轴上,与尾翼配合改变二者的定位角(使螺旋桨片单面倾斜)来进行各种飞行。旋翼是由靠发动机获得动力的驱动轴和发挥机翼功能的翼叶所构成的。当直升机运转旋翼以取得升力时,机身则借此取得相反于旋翼旋转方向的力量(反作用力)。此时尾翼会向反方向转动,抵消机身的旋转力,并且修正航线使机身前进。

直升机能够在机身几乎端正的状态下完成空中悬停、垂直上升、下降、前进、后退、侧飞等任务,因此多用于军事、运输、救护等

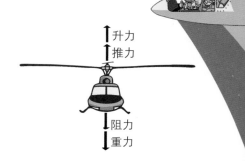

悬停、上升、下降

　　悬停是指飞机在空中静止的状态，机身若要维持这个状态，其上升的力量（升力＋推力）和下坠的力量（阻力＋重力）必须相等。这个时候只要增加旋翼转动的次数和定位角，就能因升力与推力增强而使得机身上升。相反，减少旋转次数和定位角，就能使重力和阻力增强使得机身下降。

前进、后退

　　前进和后退飞行主要是改变旋翼的定位角，使得旋翼的回转面倾斜来达成。飞机能够前进是因为旋翼的回转面向前倾斜，使得后方的定位角变大；后退则是回转面向后倾斜，使得前方的定位角变大。也就是说，当旋翼的回转面向前向后倾的时候，升力和重力的大小会相等，推力会比阻力大，使得飞机能够向前、向后飞行。

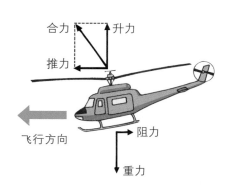

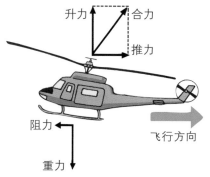

横　进

　　当直升机旋翼的回转面向左右任一边倾斜时，升力和重力的大小会相等，推力和阻力变大的同时，直升机会朝旋翼的回转面倾斜的方向运动。

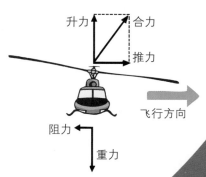

127

第十二章

操作
测验

万岁！

哎哟！

呀

老婆，你看！是驾驶证，驾驶证哟！
我终于拿到超轻型飞机的驾驶证了！

呃，受不了！

我差点被你给吓死啦，
考了3次才拿到驾照，有什
么了不起的！

什么？

有什么了不起? 这可是对科学有相当知识的人才能过关的考试呀!

小棋一次就考上了,老公你呢? 亏你还是个大人……

什么?

那是因为那小子比我先上课,考试当然就会比我先过啊!

嘿嘿,好像不只是那样哟!

看吧!

啊! 这个没义气的小子……

对了,不是还有飞行测验吗?

哈哈,笔试虽然很辛苦,不过,飞行测验很轻松,因为平常练习得很多。

又在说大话了!

看这些陪考官的脸色，飞行测验一定不好过吧？

如果考坏了说不定会把我们给杀了。

请学员和陪考官坐上测验机。

一切正常。

一切正常。

你可别粗心大意啊！

我知道了啦！

加油！

啧，小·孩子不念书考什么驾照⋯⋯真不知道让一个小·孩子考驾照能干什么，真是！

哗啦啦啦

哗啦哗啦

这陪考官看起来好严哟！我一定要让他瞧瞧我的实力。

起飞操作动作扣分！

轰隆隆隆

呃！

唔

呼！还以为这次真的死定了。

准备着陆。哎——

大概又得考一次吧？

嗯？这小子遇到刚才那种危险情势，也能临危不乱？

记得控制速度！

是！

操作方面既不够稳重也太粗心，不过，危急时处理能力过人，也具备了操作者该有的自信，所以……

忐忑

不安

你合格了。希望你以后能够越来越好！

陪考官，别那么严格嘛！一定要让我过关，好不好？

万岁——谢谢您，陪考官！

想都别想！

现在就等着他爸爸过关了，可是看这架势……

恭喜你啦，小棋！

很难哟！

超轻型飞机驾照考试

一. 应试资格

根据韩国的相关法律、法规以及超轻型航空器的管理办法,具有飞行时数累积达 20 小时(包含 5 小时以上单独飞行时数)以上者,方有资格参加考试。

二. 考试科目

航空器操作人的测验项目大致有笔试、口试和飞行三项。笔试的合格分为 60 分以上;必须通过口试才能安排飞行测验。

1. 笔试:包括民航法规、航空气象、空气动力学、飞行运用理论等。

2. 口试:测试的内容通常是有关航空器专业的知识,包括①航空器操作人有关事项;②有关飞行事项;③基本知识。

3. 飞行测试:测试应试者完整操作下列项目的能力。

①飞行前检查;②引擎启动程序;③滑行;④起飞前检查;⑤正常起飞;⑥直线爬升;⑦爬升转弯;⑧平直飞行;⑨小转弯（小角度转弯）;⑩中转弯（视察空域转弯）;⑪大转弯(360度与 720 度);⑫下滑;⑬下滑及转弯;⑭失速及纠正;⑮慢飞;⑯正常进场及着陆;⑰迫降。

第十三章

环岛飞行

飞行需要导航，最简单的是利用地形图引导飞机到达目的地。

噗鸣

除了最基本的对照地形图的方式之外，现在还利用 GPS* 导航，即全球卫星定位系统，能够准确显示飞行位置。

可是教练，我们驾驶过的飞机上，并没有 GPS 系统啊？

超轻型飞机飞行的距离比较短，速度也比较慢，用参考地形来辅助飞行的地理导航法更经济实用。

地理导航？

*GPS：全球卫星定位系统，身处世界上任何一个角落，通过这个系统都能准确掌握自己所在的位置。

136

地理导航法是所有导航法中最基本的一种。换句话说，就是小棋你一直以来使用的方法，即靠目测来确认飞行时的沿路状况。

我现在看到了韩国独立纪念馆，很快就要到天安了。

另外，你们必须具备看懂导航地图的能力。像等高线＊、障碍物符号、标高＊、坐标等，一定要在长距离飞行之前熟记下来才行。

天哪，这么复杂要怎么背啊？

要背的东西还真多……

超轻型飞机虽然不像客机有指定的航线，但是在"特定用途"的区域飞行是必须取得飞行许可的。像禁止飞行空域、限制空域、警戒空域等都属于特定用途的范围。

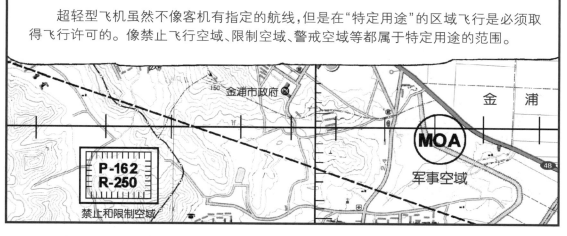

我们进去吧！

仓库？该不会是想要绑架我们吧？

* **等高线**：把地面实际的高度在地图上以等比例来表示的曲线。

* **标高**：地面或建筑上的一点和作为基准的水平面之间的垂直距离。

这是为了这次长距离飞行特地物色的，里外都重新整修过了。

哇！像新的一样！

哇，好酷！

真不错！

里外都已经彻底检修过了，到时候不用担心性能或是机身故障。

哇！这简直就是新的嘛！

预祝两位环岛飞行成功！

太感谢你了，教练！

几天后的出发日当天

超轻型飞机环岛飞行大挑战！

哎呀

哎呀

恰

恰

恰

139

超轻型飞机环岛飞行大挑战

午安！

嘿，教练！

咚咚 咚咚 恰恰

电子花车队啊？

你们迟到这么久还不快一点啊！

辛苦啦，司机先生。

哪里。

抱歉！花了点时间跟大家答谢，所以来晚了。

噗噜……

你是得了金牌还是银牌啊？老是做出莫名其妙的举动！

从新外厘机场起飞

沿着西海岸线，经过忠北泰安郡、全北群山市、全南灵光郡和莞岛，然后在济州岛的咸德海水浴场降落，补足燃料之后再飞回这里，以上就是这次的飞行路线。

气象资料显示，明天的平均温度是 27℃，海水涨潮概率为 10%。

做得很好。

飞行途中一定要定时用无线电报告情况，要是身体感到不适，千万别犹豫，先就近找一处宽阔的地方降落，然后请求救援。

我知道了！

出发去济州岛喽！

轰隆隆隆

哗啦啦啦

加油啊！一定要平安回来哟！

飞行顺利，回来请吃饭哟！

您一定感到很欣慰吧！

只知道玩耍的臭小子，转眼间已是正式飞行员了啊！

超轻型飞机的特定用途飞行区域

飞机只能飞行在经过许可的空域,若需要在限制空域飞行,必须事先取得空中交通管制部门的许可。

禁止空域

禁止空域通常会设置于对国家安危与公民安全有重大影响的区域。无端进入将被驱逐,甚至有被击落的危险。

限制空域

限制区是根据某些条件(如时间、高度等)限制航空器飞行的一个划定范围的空域。

军事行动空域

军事行动空域的设置分为一般飞行通路和军用机活动空域,主要意义在于确保训练空域及安全。

警戒空域

飞行部队的军训区域,经常同时有多架航空器在飞行或是进行紧急飞行训练,因此被设置为警戒空域。

第十四章

饮料瓶风波

我们飞低一点，顺便看看这是哪里。

你是在怀疑我的专业水准吗？

哗啦啦啦

哇！这里的景色很不错哟！

这里是不是我们去年来过的安眠岛啊，爸爸？

哗啦啦啦

我一开始就告诉过你，这是安眠岛啊！

试音，这里是管训处。"飞鸟号"听到请回答。

这里是"飞鸟"，目前高度350米，时速110千米，顺航中，现在正在保宁市上空，完毕！

那就继续加油喽！完毕！

比想象中的还顺利呢！

爸爸，
我想小便。

我来找找，我特别准备了饮料瓶——啊，在这里。

东找
西找
好、好急！

小心点，不要尿到外面啊！

好。

淅沥沥沥

呵呵呵，怎么样？在高度350米的上空小便的感想如何？

呼呜呜……

哗——得救了。

淅沥沥
淅沥沥

等学校开学之后，我要向同学们炫耀一番。

嘿嘿嘿，他们一定会很羡慕你吧？

你现在看到的这个港口就是群山港。

哇，下面的船小得像纸船啊！

爸爸，你有没有觉得风好像变大了？

乱流！

换我来操纵吧！

好！

嚓

哗啦啦

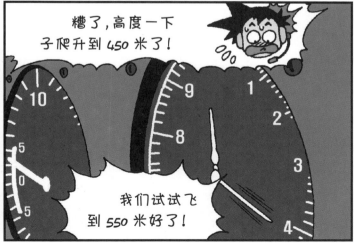

糟了，高度一下子爬升到450米了！

我们试试飞到550米好了！

会不会飞得太高了啊？

现在呢？风小一点了吧？

真的小了点！

刚才有乱流，是障碍物扰乱了气流的缘故。

比较接近地表的空气会撞击建筑物或是树木、山等障碍物，形成不规则的气流，遇到这种情况，只要飞到气流稳定的高度就行了。

如果保持目前的高度，会不会再遇到乱流呢？

那可不一定。

地球是由大气层所包围的，根据温度变化等特征，从地表开始大气层分成对流层、平流层、中间层、热层和外大气层。

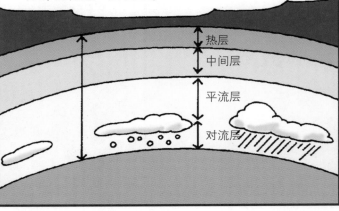

其中的对流层是指距离地球约10千米高度的大气层，我们熟知的风、云、雨这类的气象大部分都会在这一层发生。

热层
中间层
平流层
对流层

相反，平流层有别于对流层，气流比较稳定，就像风平浪静的大海一般，所以国际航线的客机通常的飞行高度大多在 12 千米左右的平流层底部。

哇，爸爸，你怎么懂得这么多啊？考笔试的时候你两次都不及格……

你这臭小子！

虽然考了两次，但是也复习了两次啊！还有什么不知道的再问啊！我都可以教你哟！

那么爸爸，你知道云是怎么形成的吗？

呃……

我突然觉得口很渴，我要喝水。

翻来

翻去

咕噜

咕噜

大气层与飞行高度

环绕地球表面的气体我们称之为大气层，大气层可分为对流层、平流层、中间层、热层和外大气层。

其中，最接近地球表面的对流层随着高度的增加温度会递减，风、云、雨等大部分的天气现象就发生在这个地方。航空器若是在对流层飞行，就容易受到雷电的影响。所以，长距离飞行的航空器通常会飞行在上面一层，也就是平流层。平流层不会有暴风雨等现象发生，相对而言，在这一层飞行比较安全。

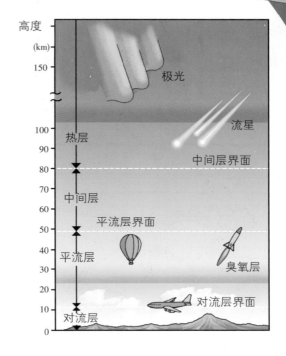

翱翔云端的飞机

第十五章
遇到乱流

南海岸！

再飞一个小时左右就该到济州岛了吧？

我们大概已经远离陆地了。

呀嗬，我好像听见济州岛在呼唤我呢！

爸爸，我们终于可以喘口气了，玩一下特技飞行好不好？

不行！上次被骂得那么惨还不够啊！

哎哟，我本来是想趁着教练看不到试一下……

试什么？

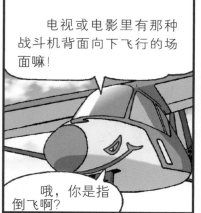

电视或电影里有那种战斗机背面向下飞行的场面嘛！

哦，你是指倒飞啊？

我一直很想试试到底是不是真的能那么做。

那种技巧战斗机可以做到，我们的这架飞机可办不到。

一般来说，飞机可以通过调整机翼阻力角（机翼接触气流的角）的变化来改变升力；阻力角越大，升力越强。也就是说，若是能够掌握好阻力角，即使倒着飞也可以。

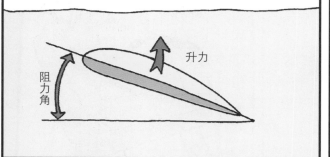

升力

阻力角

不过，要是真的这么做，超轻型飞机的机体结构强度难以承受，会有危险。所以，除了可用于特技飞行的特制机体以外，背面飞行是不可行的。

我看你还是少作怪为妙……

那种高难度的特技飞行，我看你还是等长大了当上特技飞行员之后再说吧！

好吧，算了。

可是爸爸，要到济州岛应该会横越大海，可是海上并没有参照物，怎么办？航空地图派得上用场吗？

你所提到的情形，特别是身在茫茫大海，根本不会有参照物，所以没有 GPS 装备是很难分辨方向的。

不过呢……我们有神密武器。嘿嘿！

嗒啦

那是望远镜吧！用那东西能找到济州岛吗？

绝对没问题。

现在正在甫吉岛上空，再飞高一点应该就要靠望远镜来找了。

怎么可能？

哗啦啦

我看到济州岛了，只要再向前直飞就到了。这也太容易啦！

我也好想看哟！爸爸，换你来操纵。

嘿，真的看得到哇！爸爸，我们全速前进！

可是儿子——

咦？

怎么搞的，飞机好像一直被吹向左边，而且风力很强哟！

！

啊，啊……

风势突然增强了。侧风修正也没用啊！

该不会是遇到台风了吧？

万岁！我们逃出来了！

奇迹啊，奇迹！啊啊啊啊！

还好，看来刚才只是过境的乱流。

哗啦啦

呼，刚才我还以为我们会坠机葬身海底呢！

可不是嘛……

刚才不是看到济州岛了吗？怎么不见了？

啊？

是不是我们的方向变了？

你负责找你那一边。

看来看去都看不到岛屿啊！

我们究竟被风吹到哪里来啦？

新外厘，听到请回答！

哗啦啦啦

这里是"飞鸟"，新外厘请回答。这里是"飞鸟"！

没有回应吗？

这下糟了，已经在海上绕了一个多小时，找不到济州岛，现在通信状态也不好。

朝反方向飞应该能到陆地吧……

这样下去，万一燃料没了该怎么办呢？

怎么办？只好跳进海里喂鱼……

岛……是岛哇！

哪里？

哇哈哈哈，终于找到了！看来，老天爷并没有遗弃我们呀！

向济州岛全速前进！

出发

哗啦啦

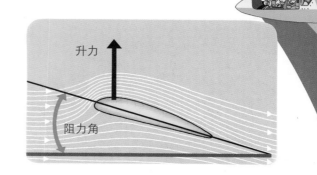

飞机为什么可以倒飞

飞机的机翼能够改变接触气流的角度来调整升力的强弱,即使是倒飞时,由于仍然能够掌握机翼的阻力角,只要适度的倾斜阻力角就能继续飞行。

飞行途中的不速之客——乱流

大气中的气流处于不规则运动状态称为乱流。当飞机进入发生乱流的区域,机体会瞬间骤降或失速,严重的乱流甚至会波及数百千米。

乱流通常发生在对流性云区,例如积云、积雨云和层积云等,万里无云的晴空有时也会发生乱流现象,就是所谓的晴空乱流。

即使是最先进的气象雷达,也有漏侦乱流的情形发生,这种情形对于飞行员而言可谓"晴天霹雳",是很不走运的。

第十六章

勇敢的父子搭档

故……乡啊，想念……也不能……回去……多凄凉……

马上就会有人来救我们了！

咯咯咯咯

哐当

联络不上是怎么回事？

到目前为止，通信已经中断两个钟头了。

什么？

最后一次通信的位置是哪里？

是下午1点左右在木浦，不过那时一切正常。

叽叽

叽

现在马上联络那里的管理部门请求搜寻，也向济州岛区域海防巡逻局和附近的机场管理局请求支援！

是！立刻进行！

老天爷，一定要平安无事啊……

啦啦啦——啦啦啦，再有一分钟就到济州岛喽！

哗啦啦

在这里很可能会遇到下降风*，所以高度要拉高，找找有没有合适的降落点。

收到！

* 下降风：从高处往低处吹的强风。

要是能降落在海水浴场的白沙滩上一定很棒……

要准备降落了。

哎哟喂！全身酸痛。

在狭小的空间里待那么久，当然会不舒服。

咦?

他们大概是这里的居民,正好可以问他们哪里有加油站。

你好。

勾……勾尼激哇。

咦?

济州岛人的口音是这样子吗?我怎么一句都听不懂啊?

??

"勾尼激哇"好像是日本话呀!

啊,大概是来济州岛旅游的观光客。

Hi! Me too,勾尼激哇。

嗯?

Hi!

这里的人都上哪儿去了，得找个人问加油站呢。

你们需要帮忙吗？

爸爸！

你看那里！

你怎么啦，这么紧张？让人不安……

什么啊？是谁把日本国旗挂在那里的啊？

不是啦，这里说不定是日本哪！

日本？你是说我们飞到日本了？

不过，好像不是日本本土。

才飞一两个小时不可能飞到日本的啦，这里大概是夹在中间的什么岛屿吧。

中间的岛屿？

欢迎来到对马岛。

这里是鞍山的新外厘机场。

照片里的飞机就是即将伴我度过飞行训练的"飞鸟"!

上课之前把燃料（汽油)加满的教练。

呼——

用力地呼吸,你就不会那么紧张了。

这种小事我才不紧张呢……

准备起飞!

哗啦啦啦——

望眼欲穿的飞行初体验。

终于飞起来了

正经一点!

以前以为看到的那些是山,原来是岛啊!

脚下是鞍山市全景。

第一堂课就上到这里了!

好想吐!

得救了!

叫我去上超轻型机训练课程？真的假的？

工作室

这次的故事是有关超轻型机的，所以作者本身理应亲自参与课程，最好也能考个驾驶证回来。

关于……

呀嗬！我终于可以实现小时候的梦想喽！

真棒 ~♪ 万岁

呵呵，看他这么高兴，应该会有不错的表现。

这里没有适合柳作家体型的飞机哟。

啊？你是说胖子就没得玩吗？

那一个怎么样？看起来比较大呀！

你太重了，所以不行。

这一个看起来很适合啊！

我看你先去减肥吧。

这个很适合呀！

这是展示用机型。

我们花了很大力气找到适合柳作家体型的飞机了。

万岁！太感谢你了！

哇哈哈哈，历经千辛万苦，我终于完成了训练。

辛苦了，那就把你的驾驶证借我一下，要建立资料……

唉！

大概是没考上！

167

科学探险漫画书

本系列
共9册

丝绸之路
大探险

科学探险漫画书

[韩]洪在裕/编文 [韩]柳太洋/绘
林玉葳/译

珠穆朗玛峰大探险
飞天热气球大探险
南极点大探险
太平洋大探险
海底寻宝大探险
热带雨林大探险
驾机飞行大探险
黑暗洞穴大探险
丝绸之路大探险

漫画好看　故事搞笑　知识有益

一套激活孩子勇气和智慧的科学漫画书

挑战世界第一高峰，培养战胜
困难的勇气和坚强意志！

深入神秘原始的
热带雨林大探险！

探索奇妙刺激的
洞穴世界！

享受山地车运动的乐趣，
探寻丝绸之路的历史与古迹！

乘着热气球，探索令人
惊奇的高空世界！

充满挑战与刺激的
"白色沙漠"！

一起潜入海底，寻找宝物吧！

飞翔的梦想可以成真！

在波涛汹涌的大海上，
随时迎接险恶的挑战！

著作权登记号：皖登字 1201500 号

레포츠 만화 과학상식 9: 초경량 항공기 조종하기

Comic Leisure Sports Science Vol. 9: Pilot a light Plane

Copyright ⓒ 2005 by Hong, Jae—Cheol

Simplified Chinese translation copyright ⓒ 2019 by Anhui Children's Publishing House

This Simplified Chinese translation is arranged with Ludens Media Co., Ltd.

through Carrot Korea Agency, Seoul, KOREA

All rights reserved.

图书在版编目（CIP）数据

驾机飞行大探险 / [韩]洪在彻编文；[韩]柳太淳
绘；徐若英译. —合肥：安徽少年儿童出版社，
2008.01（2019.6 重印）
　　（科学探险漫画书）
　　ISBN 978-7-5397-3451-4

　　Ⅰ.①驾… Ⅱ.①洪… ②柳… ③徐… Ⅲ.①飞机 –
飞行 – 探险 – 少年读物 Ⅳ.①V323.1-49

中国版本图书馆 CIP 数据核字（2007）第 200197 号

KEXUE TANXIAN MANHUA SHU JIA JI FEIXING DA TANXIAN

科学探险漫画书·驾机飞行大探险

[韩]洪在彻 / 编文
[韩]柳太淳 / 绘
徐若英 / 译

出 版 人：徐凤梅　　　　版权运作：王 利　古宏霞　　　　责任印制：朱一之
责任编辑：曾文丽　王笑非　丁 倩　邵雅芸　　　　责任校对：徐庆华
装帧设计：唐 悦
出版发行：时代出版传媒股份有限公司　　http://www.press-mart.com
　　　　　安徽少年儿童出版社　　E-mail：ahse1984@163.com
　　　　　新浪官方微博：http://weibo.com/ahsecbs
　　　　　（安徽省合肥市翡翠路 1118 号出版传媒广场　　邮政编码：230071）
　　　　　出版部电话：(0551)63533536（办公室）　　63533533（传真）
　　　　　（如发现印装质量问题，影响阅读，请与本社出版部联系调换）
印　　制：合肥远东印务有限责任公司
开　　本：787mm×1092mm　　1/16　　　印张：11　　　字数：140 千字
版　　次：2008 年 3 月第 1 版　　　2019 年 6 月第 4 次印刷

ISBN 978-7-5397-3451-4　　　　　　　　　　　　定价：28.00 元